# Contadores de energía eléctrica

1. Cómo funciona el contador de energía eléctrica
2. La bobina de voltaje
3. La bobina de corriente
4. El disco
5. El imán de freno
6. Los apoyos
7. La constante del metro
8. Ajustes
8.1 Ajuste de mínima carga
8.2 Ajuste de máxima carga
8.3 Ajuste de factor de potencia
9. Medición de energía monofásica
10. Medición de energía trifásica
10.1 El contador de tres elementos
10.2 El contador de dos elementos
10.3 El contador de dos y medio elementos en sistema delta
11. Contadores de la componente reactiva
12. Medición de la componente reactiva utilizando contadores de energía activa

## PROLOGO

El objetivo de Contadores de Energía Eléctrica es dar información acerca de las conexiones de los contadores para medir energía monofásica o trifásica, individual o simultáneamente, y como funcionan los tipos de contadores mas importantes. Esta información se refiere básicamente a los contadores de inducción o contadores electromecánicos, que se usan masivamente tanto en la medición de energía activa monofásica, como trifásica.

Contiene información básica sobre de la estructura del contador de energía y cómo funciona.

El contador de energía ha sufrido cambios desde que se desarrolló y patentó, pero el principio de funcionamiento sigue siendo el mismo: la interacción de las líneas magnéticas asociadas a una bobina de potencial o voltaje y otra de corriente por donde circula la corriente que toma el alimentador. Estas líneas magnéticas actúan sobre un disco que rota y esta acoplado a un sistema de engranajes que registra en kilowatt-hora la energía consumida por la carga.

Hay contadores digitales, pero la construcción robusta del contador de inducción lo hace mantener vigente en la medición masiva de la energía eléctrica consumida por los consumidores residenciales e industriales. Hasta ahora el uso del contador digital es limitado.

Los elementos principales del contador de inducción son la bobina de potencial o de voltaje, la bobina de corriente y el disco que rota en un entrehierro entre las bobina de potencial y la de corriente.

Hemos dedicado algunas palabras al contador de la componente reactiva, ya que en ciertos casos deseamos tener información sobre la carga reactiva. Evitamos el uso del término *energía reactiva* pues el concepto de *energía* esta unido a la producción de trabajo útil, la componente reactiva de la carga no lo hace.

1. Cómo funciona el contador de energía

De ahora en adelante cuando nos refiramos al contador de energía queremos decir contador de energía activa o efectiva.

El contador de energía funciona en base al principio de un motor de inducción, es decir, la reacción entre un campo magnético fijo y el campo magnético asociado a la corriente que circula por una bobina.

En un lado del disco del contador las líneas magnéticas asociadas a la corriente refuerzan las líneas magnéticas de la bobina de voltaje, en el otro lado se oponen a ellas. Esto produce un efecto como el de una banda de caucho que tratan de mover el disco hacia el lado donde las líneas magnéticas son mas débiles.

En el caso del contador de energía la disposición de las bobinas es tal, que hace que el disco rote a una velocidad *proporcional a la energía eléctrica consumida por la carga*.

Sobre el disco se coloca un magneto o imán, que frena la velocidad del disco y lo hace rotar proporcionalmente a la energía eléctrica consumida

La figura 1.1 muestra esquemáticamente la interacción de las líneas de fuerza que hacen el disco rotar.

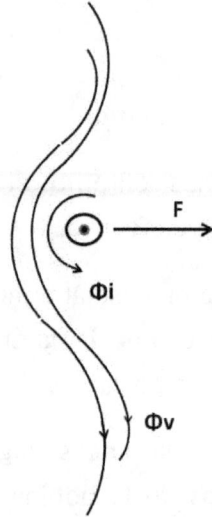

Fig. 1.1 Interacción de la corriente con un campo magnético

El punto en la figura 1.1 muestra la corriente circulando hacia el plano del papel. Empleando la regla de la mano derecha podemos determinar la circulación de las líneas magnéticas asociadas a la corriente en sentido contrario a las manecillas del reloj. Las líneas magnéticas en el lado izquierdo se refuerzan, mientras que en lado derecho se debilitan y una fuerza F empuja el conductor hacia la derecha.

En el caso del contador de energía el conductor es el disco y las corrientes de remolino inducidas en el disco por la corriente circulando en la bobina de corriente interacciona con las líneas magnéticas que vienen de la bobina de potencial.

La figura 1.2 muestra un diagrama esquemático de un contador

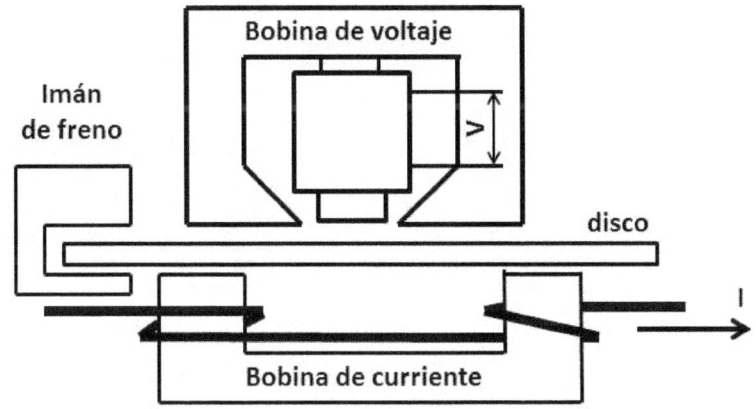

Fig 1.2 Esquema del contador de energía eléctrica

El contador de energía eléctrica mide correctamente cuando el flujo magnético asociado a la corriente esta a *90⁰ en atraso* con respecto al flujo de voltaje.

El torque del disco será proporcional al producto del flujo magnético de voltaje, el flujo magnético de corriente y el seno del ángulo entre ellos, es decir:

(1.1)    Torque = $\Phi_V \cdot \Phi_I \cdot \sen \alpha$

Cuando el ángulo es $90^0$, el seno del ángulo entre los flujos será igual a 1.0 y el disco rotara a máxima velocidad. Si α es diferente a $90^0$, entonces al ángulo entre os dos flujos será $(90^0 - \alpha)$ y $\sin(90^0 - \alpha) = \cos \alpha$.

Es importante hacer notar, que el disco rotara proporcional al coseno del ángulo entre los flujos, que es proporcional a la potencia o la potencia activa o efectiva.

La figura 1.3 muestra que la rotación del disco será proporcional a la proyección del flujo de corriente sobre la dirección del voltaje V. Si esta proyección cae en la misma dirección del voltaje el disco rotara en la dirección correcta.

Si la proyección de la corriente sobre la dirección del voltaje es en sentido contrario, el disco rotará en dirección contraria.

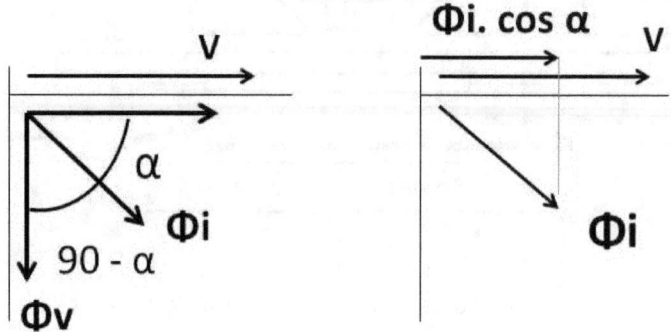

Fig 1.3 Relación entre los flujos de corriente y voltaje para un ángulo diferente de $90^0$

Donde:

$\Phi_V$ es el flujo magnético de voltaje

$\Phi_I$ es el flujo magnético de corriente

α el ángulo entre los flujos magnéticos de corriente y voltaje diferente de $90^0$

2. La bobina de voltaje

La bobina de voltaje es una bobina compuesta de un gran número de vueltas de pequeño calibre, enrolladas en un núcleo magnético.

La bobina de voltaje tiene dos entrehierros, uno a cada lado para forzar la mayor cantidad de líneas magnéticas a cortar el disco.

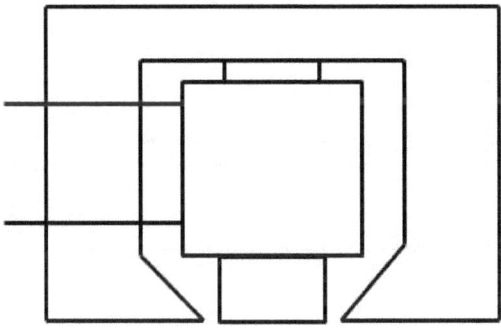

Fig 2.1 Bobina esquemática de voltaje

Debido a la gran inductancia de la bobina de voltaje el vector que representa el flujo magnético originado en la bobina de voltaje esta colocado a $90^0$ en atraso con respecto al voltaje conectado a la bobina.

3. La bobina de corriente

La bobina de corriente esta hecha de unas pocas vueltas de alambre de sección transversal relativamente grande. Las vueltas en los dos postes del núcleo están enrolladas en sentido contrario para lograr que el flujo magnético asociado a la corriente entre hacia arriba en lun lado y hacia abajo en el otro lado del disco.

Las corrientes de remolino originadas por el flujo magnético de la corriente interacciona con el flujo magnético del voltaje y origina el torque que hace rotar el disco.

La poca inductancia de la bobina de corriente hace que el flujo magnético asociado a la corriente este en fase con la corriente que circula en la bobina.

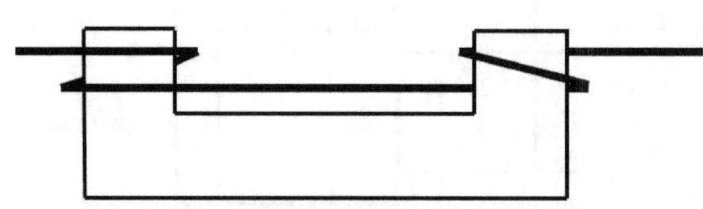

Fig 3.1 Bobina esquemática de corriente en el contador

## 4. El disco

El disco se hace usualmente de aluminio para hacerlo mas ligero y reducir la fricción en el soporte inferior. El soporte superior que mantiene al disco su posición vertical es como una aguja que se inserta en el eje del disco.

## 5. El imán de freno

Si dejamos el disco rotar libremente lo hará a una velocidad próxima a los 3,600 revoluciones por minuto, lo que no es conveniente para el desgaste y fricción del disco y el registro de la energía eléctrica. El disco rota en el entrehierro de un imán permanente que sirve como un freno magnético para reducir la velocidad del disco y permitir un mejor acoplamiento del mecanismo de relojería que registra la energía y el tornillo sinfín acoplado al eje. El freno magnético se representa a la izquierda en la figura 1.2. Note el disco rotando en el entrehierro del imán permanente.

## 6.0 Los apoyos

El apoyo inferior soporta el peso del disco. Generalmente esta hecho de un material duro, altamente pulido, que parece una joya. Este apoyo inferior esta diseñado para reducir la fricción en el eje del disco. En algunos modelos los apoyos inferiores son magnéticos, formados por dos pequeños imanes del mismo polo. Al rechazarse los polos, el disco prácticamente flota en el aire. Este tipo de apoyo se usa especialmente en los contadores de varios elementos que tiene varios discos acoplados el eje.

## 7. Las constantes del contador

El contador de inducción tiene varias constantes. La mas importante es la del metro mismo que se conoce como Kh y representa el numero de watt-hora que por cada vuelta del disco. La constante del registro es el numero de vueltas que da el disco para que la guja de del primer registro una vuelta completa, la constante de la relojería es el numero de vueltas que da la rueda de acoplamiento con el sinfín para que la aguja del primer registro de una vuelta completa, etc.

El nombre de estas constantes puede variar de acuerdo a la nomenclatura en las distintas regiones y países. La mas importante es la constante del contador mismo o Kh. En algunos países esta constante puede conocerse como Kp.

La calibración del metro se hace en base a la constante Kh o Kp. Esta constante se determina por diseño y se refleja en la carátula del instrumento. El contador se ajusta para que el mismo mantenga este valor.

Conociendo la constante Kh podemos determinar la potencia instantánea demandada en un momento dado. Como la constante Kh representa el numero de watt-hora durante una revolución del disco, podemos escribir:

(7.1)  $Kh = wh/vuelta$

No podemos esperar horas para determinar la potencia del alimentador, generalmente usamos un cronómetro para tomar el tiempo en segundos, asi que tenemos que convertir las horas a segundos. En este caso (7.1) se modifica como sigue:

(7.2)  $Kh = W \cdot (sec/3600)/vuelta$

Si esperamos N vueltas del disco para medir el tiempo en segundos entonces (7.1) se modifica de la siguiente forma:

(7.3) $\quad$ W = (3600. Kh.N)/ t (segundos)

Si deseamos determinar la demanda instantánea en kW, entonces (7.3) se modifica de la siguiente forma:

7.4) $\quad$ kW = (3.6 . Kh. N)/segundos

Si leemos la demanda tomando 10 vueltas obtendremos la demanda promedio en el periodo de las 10 vueltas. Si deseamos mas precisión para determinar la potencia instantánea, debemos tomar una sola vuelta del disco.

El disco tiene una marca negra de fabrica que permite contar con bastante exactitud el numero de vueltas observando las veces que la marca negra en el disco pasa por un punto de referencia.

8. Ajustes de los contadores de energía.

8.1 Ajuste de mínima carga

Podemos reducir la fricción del disco, pero no podemos eliminarla totalmente. Según las normas de Estados Unidos mínima carga se considera el 10% de la carga máxima.

Para reducir la fricción en el contador práctico se introduce una vuelta adicional ajustable debajo de la bobina de voltaje similar al polo sombra en los motores monofásicos de inducción desfasando el flujo magnético para iniciar el torque.

Esta vuelta pude moverse y cambiar de posición para introducir un torque parásito adicional que ayuda al disco a vencer la fricción en baja carga. Una sobre compensación puede hacer que el disco se mueva sin carga, por lo que hay que comprobar que el contador no quede sobre compensado para mínima carga para evitar el deslizamiento del disco sin carga.

Las normas no contemplan calibrar el contador para cargas menor que 10%, por lo que el mismo no puede mantener su clase para cargas muy pequeñas. Generalmente la clase de los contadores de inducción comerciales es 2.0. Algunas compañías de suministro de energía eléctrica admiten clase 3.0 para mínima carga

## 8.2 Ajuste de máxima carga

El ajuste de máxima carga es necesario porque el contador puede variar sus parámetros producto de perdida de fuerza en el imán permanente, o el cambio en alguno de los parámetros que gobiernan el funcionamiento del contador.

El ajuste de la máxima carga se realiza moviendo la posición del imán permanente. Esto se realiza por medio de un tornillo sinfín que mueve la posición del imán sobre el disco. Algunos fabricantes utilizan un elemento de derivación o *shunt* que desvía del disco una mayor o menor cantidad de líneas magnética.

## 8.3 Ajuste de factor de potencia

Como vimos en 1.1, el torque del contador de inducción es proporcional al producto del flujo magnético de corriente y voltaje y el seno del ángulo entre ellos ($\Phi_V \times \Phi_I \times \sin \alpha$).

La curva del seno es plana en la parte superior, por lo que el error será pequeño para pequeñas variaciones de ángulo. Mientras mayor sea la variación en el ángulo, mayor será la variación en el error de lectura.

El flujo magnético originado en la bobina de voltaje esta a $90^0$ en atraso con respecto al voltaje teóricamente. En la práctica la resistencia del alambre con que esta hecha la bobina hace que el flujo magnético no quede exactamente a $90^0$ con el voltaje. La figura 8.3.1 muestra el sistema de ajuste para el ángulo entre el voltaje y el flujo magnético.

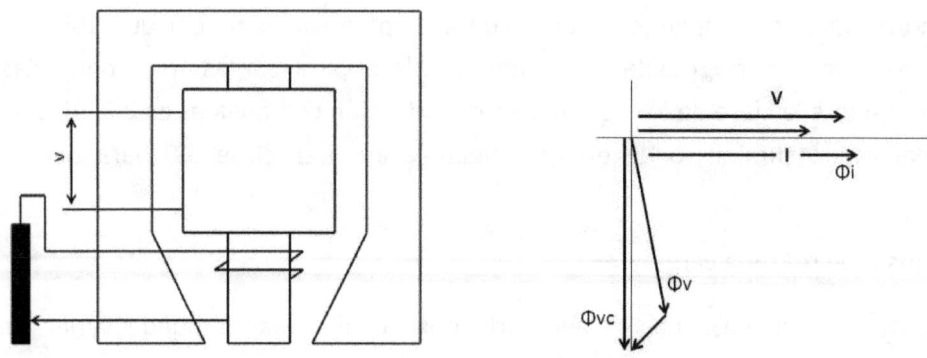

Fig. 8.3.1 Compensación para factor de potencia sobre la bobina de voltaje.

V: voltaje, I: corriente.

Igual que en caso de la compensación para mínima carga, hay que ayudar el contador introduciendo un flujo parásito que desplaza el flujo de voltaje a su posición de $90^0$ con respecto al voltaje. $\Phi_V$ es el voltaje desviado de los $90^0$, $\Phi_{VC}$ es el voltaje compensado.

Algunos fabricantes europeos prefieren instalar el elemento de compensación sobre el núcleo de la bobina de corriente, como se muestra en la figura 8.3.2.

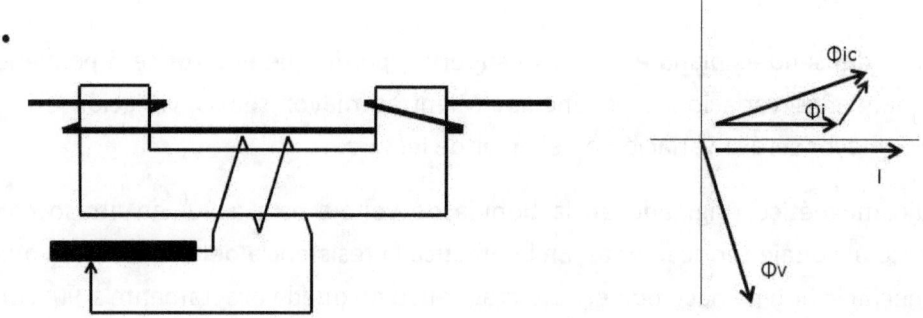

Fig 8.3.2 Compensación de factor de potencia en el flujo de corriente. I: corriente, $\Phi_I$: flujo de corriente, $\Phi_{IC}$: flujo de corriente compensado.

## 9. Medición de energía monofásica

La energía monofásica se mide con un contador monofásico de un elemento. La combinación de una bobina de voltaje, una de corriente, el imán de freno y los ajustes se denomina *elemento*.

Podemos suponer que la medición de energía trifásica requiere de un contador de mas elementos y asi es. Los discos de todos los elementos se fijan a un solo eje. El movimiento del eje se transmite por medio de un tornillo sinfín a un mecanismo de relojería que registra la energía total medida por todos los discos. Cada elemento tiene sus dispositivos de ajuste y se calibran para carga mínima (10% en los Estados Unidos), plena carga (100%) y factor de potencia (0.5).

Para hacer el contador de energía mas económico y práctico el fabricante trata de emplear el menor número de elementos sin comprometer la exactitud de la medición.

En las secciones siguiente analizaremos las diferentes opciones para medir energía eléctrica en los sistemas mas importantes de sministro.

En Europa los contadores son de dos y de tres elementos y se calibran en grupo y en forma trifásica. En Norteamérica la calibración se realiza individualmente por elemento como si fuera un contador de un solo elemento. Las normas y frecuencia de calibración son todas parecidas, pero varían de acuerdo a la compañía de suministro.

Como la energía es el tiempo de utilización de la potencia, emplearemos expresiones de potencia para analizar el funcionamiento de los tipos mas comunes de contadores.

La carga monofásica se alimenta con un transformador monofásico de distribución (ver *Conexiones de Transformadores* del mismo autor). El enrollado secundario del transformador de distribución esta dividido en dos partes de 120 V cada una por una derivación central. El consumidor recibe una de las fases con la derivación central que se encuentra conectada a tierra. La figura 9.1 muestra como la energía de cada fase es medida por un contador monofásico.

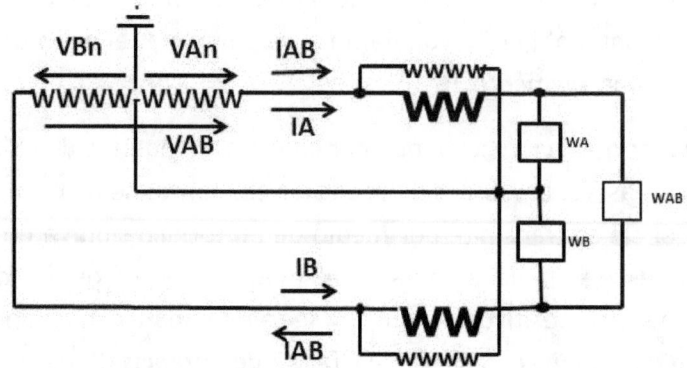

Fig 9.1 Medición de energía monofásica con un contador monofásico en cada fase.

Cada contador registrará le energía de cada fase.

(9.1)   $WA = V_{An} \cdot I_A \cdot \cos \varphi_{An}$

(9.2)   $WB = V_{Bn} \cdot I_B \cdot \cos \varphi_{Bn}$

Si el consumidor solicita servicio a 240 V, se le suministran las dos fases y el conductor neutro o de aterramiento.

Suponiendo que $V_{AN} = V_{BN} = V_{AB}/2$, el contador en la fase A registrará:

(9.3)   $WA = (V_{AB}/2) \cdot I_A \cdot \cos \varphi_{AN}$

El contador en la fase B registrará:

9.4)   $WB = (V_{AB}/2) \cdot I_B \cdot \cos \varphi_{BN}$

Para determinar la lectura total debemos sumar (9.3) + (9.4).

La carga WAB quedara registrada como:

(9.5)   $WAB = V_{AB}/2 \cdot I_{AB} \cdot \cos \varphi_{AB} + V_{AB}/2 \cdot I_{AB} \cdot \cos \varphi_{AB} = V_{AB} \cdot I_{AB} \cdot \cos \varphi_{AB}$

Note en la figura 9.1 que la posición del vector $V_{BN}$ es opuesta a la de $V_{AB}$ pero note también que la corriente $I_{AB}$ esta entrando por el lado opuesto a la polaridad de la bobina de corriente, esto quiere decir que el vector $I_{AB}$ se refleja en sentido opuesto al normal dará una lectura positiva con respecto a $V_{AB}$. Esto es algo muy importante cuando se analizan conexiones tanto de wattímetros como de contadores de energía eléctrica: conexión a *polaridad invertida hace que el vector voltaje o corriente se invierta*.

La corriente $I_{AB}$ retorna invertida a través del contador de la fase B, esto conviene porque hará una proyección de la corriente en la misma dirección de $V_{Bn}$.

9.1 El contador de dos elementos y medio para lectura monofásica.

Hemos analizado como se mide la carga monofásica entre fase y neutro y entre fases con dos contadores. Esto quiere decir que habría que usar dos contadores para cada consumidor que requiera voltaje de 120 y de 240 V al mismo tiempo.

Esta situación puede resolverse si utilizamos un solo contador con dos bobinas de corriente, como muestra la figura 9.1.1

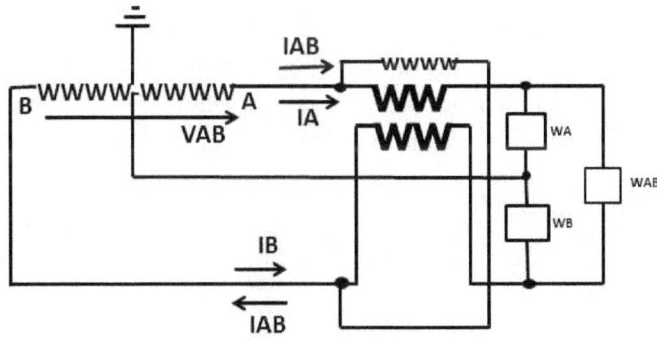

Fig 9.1.1 Lectura monofásica con un solo contador

La figura 9.1.2 muestra el diagrama vectorial para este tipo de conexión.

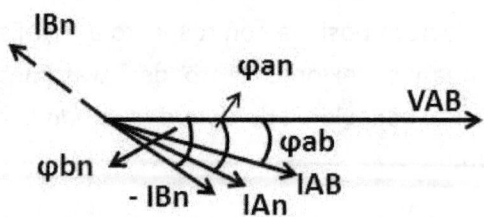

Fig 9.1.2 Diagrama vectorial para la conexión dos elementos y medio para carga monofásica

En este tipo de contador se usa solamente el voltaje $V_{AB}$. Las condiciones para que este tipo de contador mida correctamente son las siguientes:

1) cada bobina de corriente debe tener la mitad de las vueltas de diseño

2) la bobina de corriente de la fase B debe enrollarse en sentido contrario a la de la fase A

Ambas bobinas de corriente deben conectarse en serie en la calibración del contador para cumplir las características de diseño. La misma corriente, retornando por el lado de polaridad inversa, hace una lectura positiva. *Retorno invertido + polaridad invertida = lectura positiva.*

Para la carga a 240 V entre las fases A y B (WAB)

(9.1.1)  $W_{AB} = V_{AB} \cdot (I_{AN}/2) \cdot \cos \varphi_{AB} + V_{AB} \cdot (I_{AB}/2) \cdot \cos \varphi_{AB}$

Para la energia en la fase A ($W_{AN}$)

(9.1.2)  $W_{AN} = V_{AB} \cdot (I_{AN}/2) \cdot \cos \varphi_{AN} = V_{AN} \cdot I_{AN} \cdot \cos \varphi_{AN}$

Para la energía en la fase B

(9.1.3)  $W_{BN} = V_{AB} \cdot (I_{BN}/2) \cdot \cos \varphi_{BN} = (V_{BN}/2) \cdot I_B \cdot \cos \varphi_{BN}$

Porque $\quad V_{AB} \cdot (I_{AN}/2) = (V_{AB}/2) \cdot I_{AN} = V_{AN} \cdot I_{AN}$

$\quad\quad\quad\quad V_{AB} \cdot (I_{BN}/2) = (V_{AB}/2) \cdot I_{BN} = V_{BN} \cdot I_{BN}$

## 10. Medición de energía trifásica

### 10.1 El contador de tres elementos

Para la medición de energía trifásica se utilizan contadores de dos o de tres elementos. El contador de tres elementos se emplea para medir energía en un sistema estrella de cuatro alambres, tres fases y el neutro o cable de tierra. Cada uno de loa elementos del contador mide energía monofásica y trifásica al mismo tiempo.

Los tres discos de los tres elementos están colocados en un mismo eje que le transmite toda la energía medida a un mecanismo de relojería que registra la energía medida. La figura 10.1.1a muestra un diagrama esquemático del contador de energía en un sistema estrella aterrado para medir carga monofásica y trifásica.

En este caso el contador medirá:

(10.1) $\quad\quad W_{ABC} = V_{AN} \cdot I_A \cdot \cos \varphi_A + V_{BN} \cdot I_N \cdot \cos \varphi_B + V_{CN} \cdot I_C \cdot \cos \varphi_C$

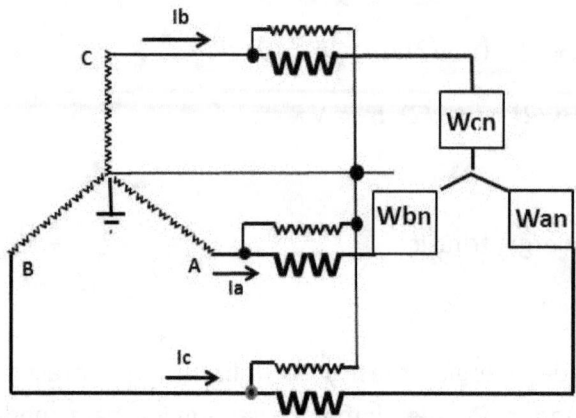

Fig. 10.1.1a Diagrama esquemático del contador de tres elementos

Para el suministro de carga monofásica se utilizan las fases A, B y el neutro de un transformador monofásico (vea *Conexiones de Transformadores* del mismo autor). Para el suministro de energía trifásica hay que tener en cuenta también la tercera fase denominada fase C.

En la figura 10.1.a hemos representado solo la carga trifásica para evitar sobrecargar el diagrama.

La figura 10.1.1b muestra el diagrama vectorial de esta conexión.

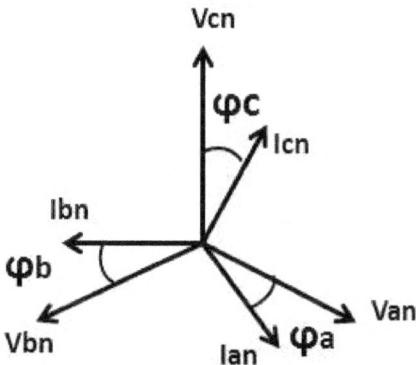

Fig 10.1.1b Diagrama vectorial para carga trifásica en un contador de tres elementos

Dejamos al lector la tarea de analizar el diagrama vectorial para carga monofásica conectada entre las fases, por ejemplo, A y C.

## 10.2 El contador de dos elementos

El contador de dos elementos se emplea para medir carga trifásica balanceada en un sistema de tres alambres. En este caso se utilizan solamente dos elementos como muestra la figura 10.2.1a

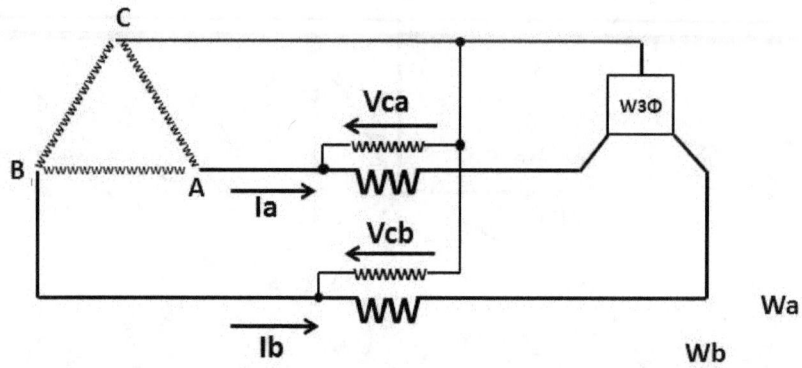

Fig. 10.2.1a Lectura trifásica con un contador de dos elementos

En el contador de dos elementos solamente se emplean dos fases con dos corrientes, suponiendo que el sistema trifásico es simétrico.

La carga trifásica se representa como en la figura 10.2.1a como estrella, sin embargo, puede estar conectada en estrella o delta.

La figura 10.2.1b muestra el diagrama vectorial para esta conexión.

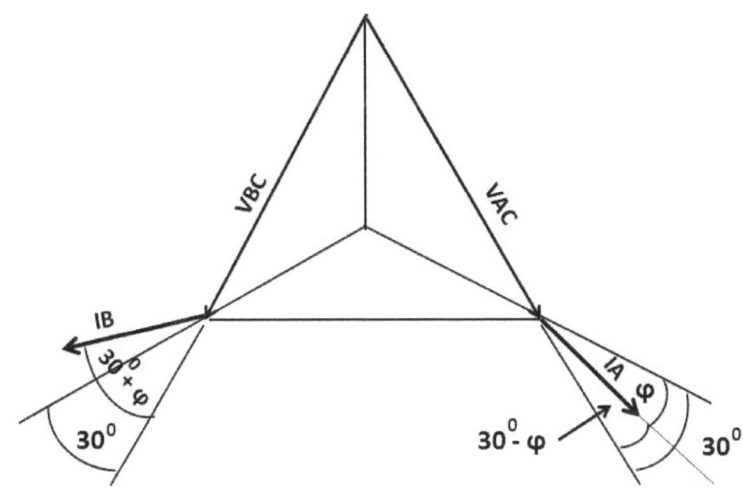

Fig 10.2.2b Diagrama vectorial para la conexión delta con dos elementos

En la conexión delta la referencia de factor de potencia 1.0 es la estrella dentro de la delta. Cuando el factor de potencia es 1.0 en la línea, lo será también dentro de la delta (vea *Conexiones de Transformadores* del mismo autor).

En este caso la posición de los voltajes $V_{BC}$ y $V_{AC}$ se ha dibujado de acuerdo con la conexión de polaridad de las bobinas de voltaje.

La energía total media será:

10.2.1)   $Wh_{AB} = V_{AC} \cdot I_A \cdot \cos(30^0 - \varphi) + V_{BC} \cdot I_B \cdot \cos(30^0 + \varphi)$

Usando la expresión $\cos(a+b) = \cos a \cdot \cos b - \sin a \cdot \sin b$

$\cos(a-b) = \cos a \cdot \cos b + \sin a \cdot \sin b$

y asumiendo que la carga trifásica es balanceada y simétrica podemos escribir:

$$V_{AC} = V_{BC} = V_L$$

$$I_A = I_B = I_L$$

La carga medida en la fase A será:

(10.2.2)   $Wh_A = V_L \cdot I_L \cos 30^0 \cdot \cos \varphi + V_L \cdot I_L \sin 30^0 \cdot \sen \varphi$

La energía medida en la fase B será:

(10.2.3)   $Wh_B = V_L \cdot I_L \cos 30^0 \cdot \cos \varphi - V_L \cdot I_L \sin 30^0 \cdot \sen \varphi$

Si sumamos (10.2.2) + (10.2.3) vemos que los términos de los senos se cancelan y queda solamente:

(10.2.4)   $Wh_{AB} = 2 \cdot V_L \cdot I_L \cdot (\sqrt{3}/2) \cdot \cos \varphi = \sqrt{3} \cdot V_L \cdot I_L \cdot \cos \varphi$

Que es la expresión esperada para la carga trifásica activa. Como la energía es potencia multiplicada por el tiempo, este resultado es valido tanto para el análisis de conexiones de contadores de energía, como de wattimetros.

La carga trifásica en estrella también puede medirse con un contador de dos elementos y medio. En esta conexión la carga tiene que ser trifásica balanceada.

Este contador puede medir correctamente las cargas entre fase y neutro, pero no la carga conectada entre fases.

La figura 10.2.3ª muestra el diagrama esquemático para el contador estrella de dos elementos y medio.

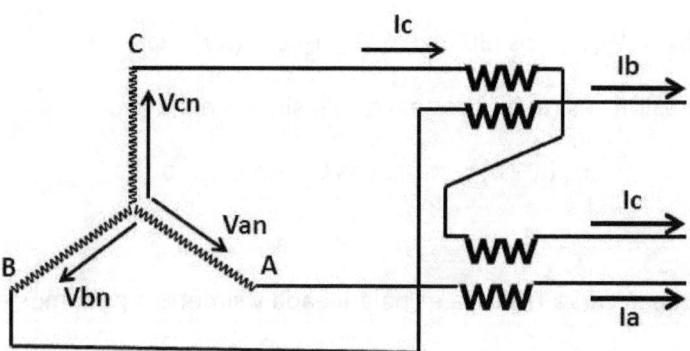

Fig 10.2.3ª Diagrama esquemático del contador estrella con dos elementos y medio

La figura 10.2.3b muestra el diagrama vectorial de esta conexión para carga trifásica.

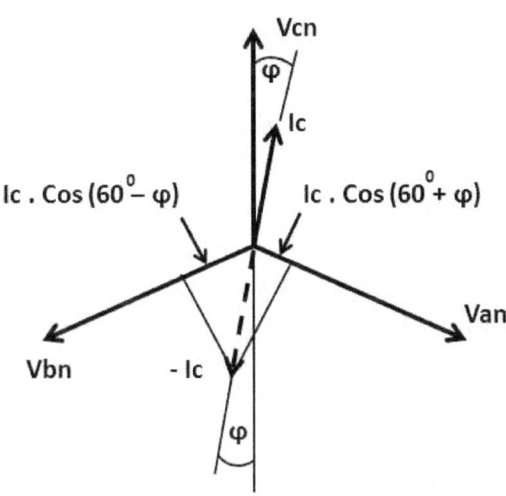

Fig 10.2.3b Diagrama vectorial para la conexión dos elementos y medio estrella

La polaridad inversa en la bobina común en los elementos A Y B hace que el vector $I_C$ se invierta y de una proyección positiva sobre $V_a$ y sobre $V_b$.

Le lectura en el elemento B será:

(10.2.4)  $V_{BN} \cdot I_C \cdot \cos(60° - \varphi) = V_{BN} \cdot I_C \cdot \cos 60° \cdot \cos \varphi + V_{BN} \cdot I_C \cdot \sen 60° \cdot \sen \varphi$

La lectura en el elemento A será:

(10.2.5)  $V_{AN} \cdot I_C \cdot \cos(60° + \varphi) = V_{AC} \cdot I_C \cdot \cos 60° \cdot \cos \varphi - V_{AN} \cdot I_C \cdot \sen 60° \cdot \sen \varphi$

Los términos conteniendo los senos se cancelan y queda:

(1-.2.6)  $2 \cdot (V_N \cdot I_C)/2 \cdot \cos \varphi = V_N \cdot I_C \cdot \cos \varphi$

Suponiendo que la carga es simétrica, la carga en las otra dos fases también será $VA_N.I.\cos\varphi = V_{BN}.I.\cos\varphi$. Agregando la carga obtenida para la fase C obtenemos

$3.V_N.I.\cos\varphi$ que es el resultado esperado para la carga trifásica simétrica en estrella.

## 10.3 El contador de dos elementos y medio para medir carga monofásica y trifásica en el sistema delta aterrado.

El contador de dos elementos y medio para medir energía trifásica y monofásica en la conexión delta con aterramiento es básicamente igual al mostrado en la figura 9.2. En este caso se utiliza una sola bobina de corriente para las fases A y B y se agrega y se agrega otro elemento para medir la fase C. Como hay una sola bobina de voltaje para las fases A y B este contador se llama de *dos y medio elementos*.

La bobina de voltaje del nuevo elemento de la fase C se conecta entre la fase C y el neutro de la delta, según se muestra en la figura 10.3.1ª.

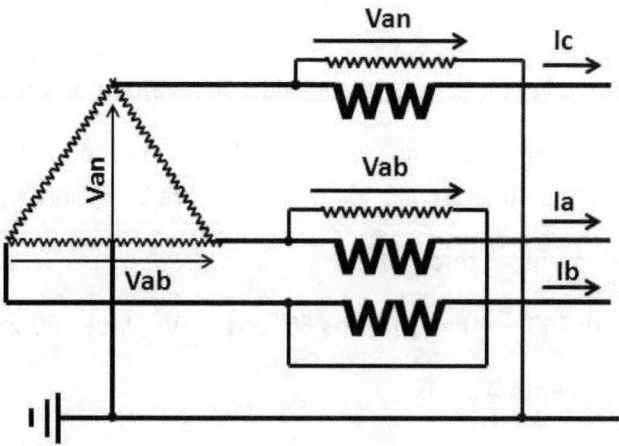

Fig 10.3.1ª Diagrama esquemático del contador de dos y medio elementos

La figura 10.3.1b muestra el diagrama vectorial para esta conexión.

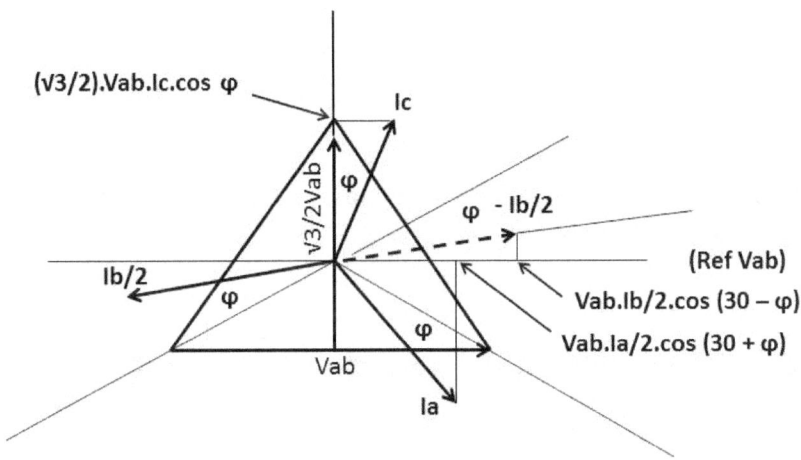

Fig 10.3.1b Diagrama vectorial para la conexión delta aterrada

Como vemos se ha agregado un nuevo elemento al conjunto que se usa para medir energía monofásica con dos bobinas de corriente. La bobina de corriente de la fase C se enrolla con un número completo de vueltas, es decir, la suma de las vueltas de las dos medias bobinas de las fases A y B.

Ya hablamos de la forma en que el elemento inferior mide la energía monofásica de las fases A y B, asi que solo analizaremos la forma en que esta conexión mide la energía trifásica.

Recordemos que en el diagrama de la figura 10.3.1b la bobina de corriente de la fase B esta invertida, de manera que el vector $I_B$ de la carga trifásica se invierte para dar una proyección positiva sobre el voltaje $V_{AB}$.

El elemento en la fase C medirá $(\sqrt{3}/2) \cdot V_{AB} \cdot I \cdot \cos \varphi$ porque $V_{CN} = (\sqrt{3}/2) \cdot V_{AB}$.

Suponiendo que las tres corrientes son simétricas y $I_A = I_B = I_C$ y $V_{AB} = V_{BC} = V_{AC} = V_L$

El elemento de la fase A medirá:

(10.3.1) $V_L \cdot I/2 \cdot \cos(30^0 - \varphi) = V_L \cdot I/2 \cdot \cos 30^0 + V_L \cdot I/2 \cdot \sin 30^0 \cdot \operatorname{sen} \varphi$

El elemento de la fase B medirá:

(10.3.2)  $V_L.I/2.\cos(30^0 - \varphi) = V_L.I/2.\cos 30^0.\cos\varphi + V_L.I/2.\text{sen}30^0.\text{sen}\varphi$

Los vectores de corriente están divididos por dos debido a las medias bobinas del elemento AB.

Si sumamos (10.3.1) + (10.3.2) los términos que contiene la función seno de cancelan y queda:

(10.3.3)  $2.(\sqrt{3}/4).V_L.I.\cos\varphi = \sqrt{3}/2.V_L.I.\cos\varphi$

Agregando el término correspondiente a la carga de la fase C obtenemos:

(10.3.4)  $\sqrt{3}/2.V_L.I.\cos\varphi + \sqrt{3}/2.V_L.I.\cos\varphi = \sqrt{3}.V_L.I.\cos\varphi$

Esta es la expresión esperada para la carga trifásica.


11. Medidores de componente reactiva (VAR-horámetors)

La corriente alterna tiene dos componentes, una útil o efectiva que produce trabajo y otra inútil pero necesaria para sustentar los campos magnéticos de los equipos de inducción. Esta componente activa se mide con el contador de energía. En algún momento podemos estar interesados en determinar la componente reactiva para tener una idea de la carga total, pues ambas cargan la instalación de suministro.

No podemos decir que es energía lo que mide el VAR-horámetro, pues la energía esta asociada al trabajo útil y la componente reactiva no realiza trabajo. La nombraremos la *componente reactiva..*

Teniendo las lecturas de energía activa y el periodo de tiempo entre lecturas podemos encontrar el valor promedio de las componentes de potencia activa y reactiva. La división entre las lectura de var-hora y la componente activa en watt-hora nos da la tangente del ángulo entre corriente y voltaje. Mediante tablas de funciones trigonométricas podemos hallar el cosen del ángulo que será igual al *factor de potencia*.

(11.1)  var-hora/watt-hora = tan φ

El coseno del ángulo, es decir, el factor de potencia varía entre 0 y 1.0. Mientras mas cerca este el factor de potencia de 1.0, mejor utilizada estará la carga entregada (ver *Control de la Potencia Reactiva* del mismo autor).

En secciones anteriores hemos visto que la componente activa o efectiva es la proyección de la corriente sobre el voltaje, es decir, la componente que esta *en fase* con el voltaje.

La componente reactiva de la corriente esta $90^0$ en atraso con respecto a la componente activa. Si atrasamos $90^0$ la posición del voltaje empleado para medir componente activa, la proyección de la corriente sobre el voltaje desplazado quedara en fase con la proyección correspondiente a *la componente reactiva* de la corriente.

Este truco se muestra en la figura 11.1. El contador de energía activa no sabe que en realidad esta leyendo proporcionalmente a la componente reactiva de la corriente.

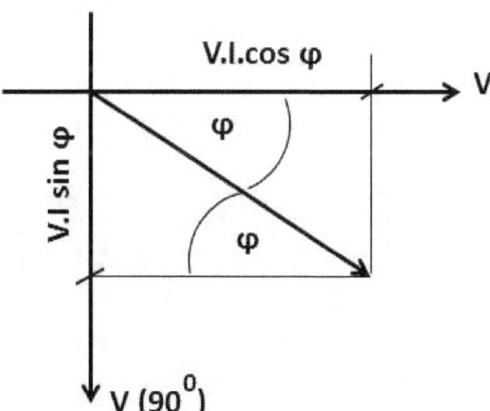

Fig 11.1 Proyección de la corriente sobre el voltaje desfasado $90^0$

El objetivo es colocar $90^0$ en atraso el voltaje de la conexión.

## 12. Medición de la componente reactiva usando contadores de energía activa.

Si podemos encontrar la forma de desplazar el voltaje de la conexión $90^0$ en atraso podemos improvisar la medición de la componente reactiva empleando contadores de energía activa.

Tomemos, por ejemplo, la conexión en delta trifásica mostrada en la figura 12.1 para medir componente reactiva empleando contadores de energía activa.

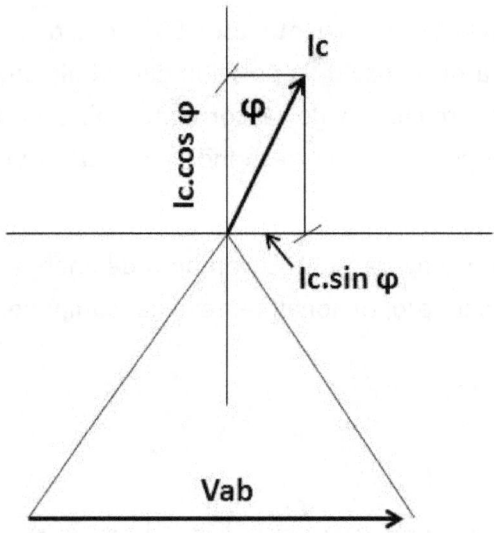

Fig. 12.1 Conexión para medir componente reactiva en un sistema delta.

En este caso específico estamos usando solo un contador monofásico de energía activa. Asumimos que la carga es trifásica y simétrica. La lectura que obtendremos será $V_{ab}.I.\sin \varphi$. En este caso habrá que multiplicar la lectura por √3 para logar la expresión de la componente trifásica reactiva.

El mismo procedimiento podría aplicarse para una conexión en estrella. En este caso el voltaje $V_{AB}$ utilizado es √3 veces mayor que el requerido. Para obtener la lectura de la componente total trifásica tendríamos que multiplicar la lectura por un factor que seria 3/√3 = √3.

Tomemos el diagrama vectorial mostrado en la figura 12.2.

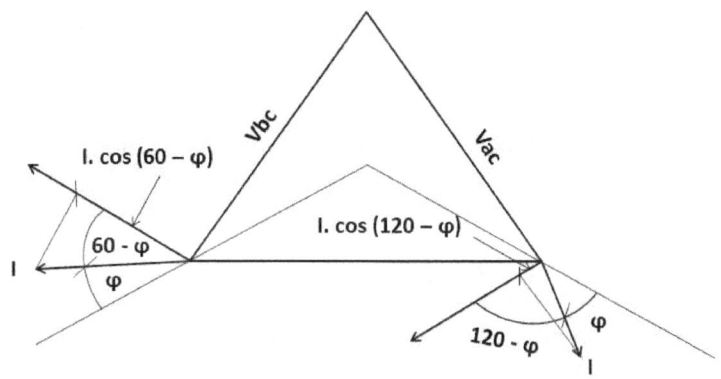

Fig 12.2 Vectores desplazados $90°$ en atraso en una conexión delta.

El elemento B medirá:

(12.1)  $V_{90}.I\cos(60° - \varphi) = V_{90}.I.\cos 60.\cos \varphi + V_{90}.I.\text{sen } 60.\text{sen } \varphi$

El elemento A medirá:

(12.1.2)  $V_{90}.I.\cos(120 - \varphi) = V_{90}.I.\cos 120°.\cos \varphi + V_{90}.I.\text{sen}120°. \text{sen } \varphi$

$\cos 120° = -\cos 60°$

$\text{sen } 120° = \text{sen } 60°$

(12.2) can be modified this way:

(12.3)  $-V_{90}.I.\cos 60°.\cos \varphi + V_{90}.I.\sin 60°.\text{sen } \varphi$

Sumando (12.3) +(12.2) los términos que contiene la función cosen se cancelan y obtenemos:

(12.4)  $2.V_{90}.I.\sin 60°.\text{sen } \varphi = \sqrt{3}.V_{90}.I.\text{sen } \varphi$

Esta es la expresión para la componente reactiva del sistema.

El factor de potencia promedio puede determinarse mediante la expresión

(12.5) $\qquad \cos \varphi = 1/\sqrt{(1 + \tan^2\varphi)}$

$\qquad\qquad$ var-horas/watt-horas $= \tan \varphi$

(12.6) $\qquad \cos \varphi = 1/\sqrt{[1 + (\text{var-horas/watt-horas})^2]}$

Como podemos desplazar el voltaje 90°?

Si agregamos una resistencia en serie con la bobina de voltaje el flujo magnético no estará a $90^0$ con respecto al voltaje, que vimos era necesario para que el disco del contador rotara proporcional a la energía activa. Aparecerá una componente de voltaje en la resistencia en fase con el voltaje y otra a $90^0$ con el mismo. Esto se ilustra en la figura 12.3.

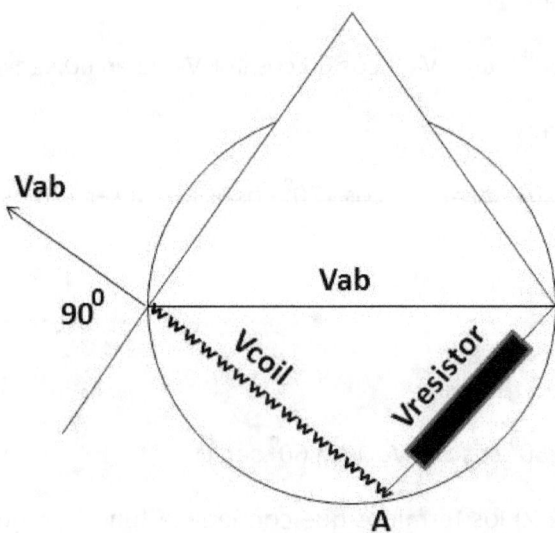

Fig 12.3 Desplazamiento del voltaje debido a una resistencia en serie con la bobina de voltaje.

Al cambiar el valor óhmico de la resistencia el voltaje se mueve en el circulo mostrado en la figura 12.3. Una desviación apropiada da el resultado. Si hacemos trabajar la corriente de la fase B con el voltaje desplazado Vab se logra el desfasaje correcto. Igual puede combinarse la corriente de otra fase con otro voltaje desfasado, por ejemplo el voltaje $V_{AC}$ en serie con una resistencia y trabajando con la corriente de la fase A. Buscando la combinación adecuada puede lograrse el desfasaje deseado.

Los var-horámetros están diseñados tomando en cuenta internamente los desfasajes necesarios y la combinación con corrientes de otras fase para lograr una lectura proporcional a √3.V.I.sen φ.

Para obtener el desfasamiento adecuado también se emplean transformadores desfasadores para desviar los voltajes $90^0$ con respecto a la referencia.

La figura 12.3 muestra la conexión de transformadore desfasadores para la conexión delta.

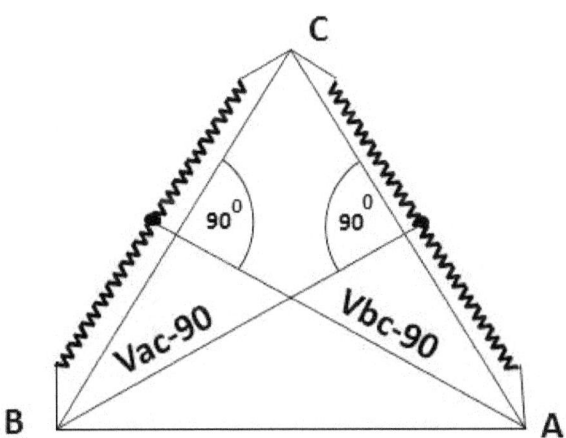

Fig 12.3 Transformadores desfasadores para la conexión delta.

Existen otros tipos de transformadores desfasadores para otras conexiones.

Los medidores de var-hora son generalmente de cale 3.0

Puedes dejar tu opinión y/o sugerencia en un review, en http://reactivepower.blogspot.com, or contactarme en rafbarr45@yahoo.com

www.ingramcontent.com/pod-product-compliance
Lightning Source LLC
Chambersburg PA
CBHW070730180526
45167CB00004B/1692